FORSCHUNGSBERICHT DES LANDES NORDRHEIN-WESTFALEN

Nr. 2577/Fachgruppe Physik/Mathematik

Herausgegeben im Auftrage des Ministerpräsidenten Heinz Kühn
vom Minister für Wissenschaft und Forschung Johannes Rau

Michael Becker
Rhein.-Westf. Techn. Hochschule Aachen
Lehrstuhl A für Mathematik

Über den Satz von Trotter
mit Anwendungen
auf die Approximationstheorie

Westdeutscher Verlag 1976

© 1976 by Westdeutscher Verlag GmbH, Opladen
Gesamtherstellung: Westdeutscher Verlag

ISBN-13: 978-3-531-02577-3   e-ISBN-13: 978-3-322-88180-9
DOI: 10.1007/978-3-322-88180-9

Inhalt

Einleitung 1

1. Vorbereitung und Bezeichnungen 2

2. Der Satz von Trotter 4
   2.1 Kontinuierliche Version 4
   2.2 Historische Entwicklung 10
   2.3 Zusammenhänge zwischen den verschiedenen
       Voraussetzungen 12
   2.4 Diskrete Version 16

3. Anwendung auf die Approximationstheorie 21

4. Beispiele 24
   4.1 Favard-Operatoren 24
   4.2 Bernstein-Polynome 28
   4.3 Szász-Mirakyan-Operatoren 32

Literaturverzeichnis 35

Einleitung

Diese Arbeit schließt sich an unsere früheren Arbeiten [1,2] an und führt die dort begonnenen Untersuchungen fort. In [2] haben wir mit Hilfe des Satzes von Trotter Saturationssätze, d.h. Sätze über die optimale Approximationsordnung, bewiesen. Wir haben die Anwendung dieser approximationstheoretischen Ergebnisse auf die Bernstein-Polynome und die Szász-Mirakyan-Operatoren diskutiert und in [1] auch die Favard-Operatoren im Rahmen dieser Theorie untersucht. In der vorliegenden Arbeit geht es uns um einen weiteren Ausbau der Anwendung in der Approximationstheorie, nämlich auf den Fall der nichtoptimalen Approximation.

Nach einigen terminologischen Vorbereitungen in Abschnitt 1 diskutieren wir im Abschnitt 2 zunächst den Satz von Trotter selbst. Der Vollständigkeit halber geben wir im Abschnitt 2.1 eine Skizze des Beweises an, wobei wir uns um eine möglichst klare und einfache Darstellung des Beweisganges bemühen wollen. Wir betrachten zunächst die kontinuierliche Version des Satzes. Im Abschnitt 2.2 diskutieren wir die Entwicklung des Satzes und seiner Varianten wobei wir die Arbeiten von Kato, Komura, Kurtz, Lax und Richtmyer, Neveu, Trotter und Yosida zum Vergleich heranziehen. Basierend auf einer Arbeit von Strang werden im Abschnitt 2.3 die verschiedenen Varianten der Voraussetzungen genauer analysiert und miteinander verglichen. Im Abschnitt 2.4 schließlich folgt die diskrete Version des Satzes, die für die Anwendungen in der Approximationstheorie besonders geeignet ist. Diese Anwendungen bringen wir im Abschnitt 3. Wir beweisen einen direkten Satz (Jackson-Typ-Satz) der nichtoptimalen Approximation. Die Lösung des Problems der Umkehrsätze scheint mit den derzeit zur Verfügung stehenden Mitteln nicht möglich zu sein. Der Abschnitt 4 schließlich diskutiert die Ergebnisse bei der Anwendung auf die oben schon genannten Beispiele. Während diese bei den Bernstein-Polynomen und den Szász-Mirakyan-Operatoren auf Grund der mehr punktweisen Struktur des Approximationsverhaltens dieser Verfahren weniger zufriedenstellend sind, erhalten wir die bezüglich einer Umkehrung korrekten Ergebnisse für die Favard-Operatoren.

Der Autor dankt dem Minister für Wissenschaft und Forschung des Landes Nordrhein-Westfalen, der die Arbeit unter dem Aktenzeichen II B7 - FA 6132 gefördert hat, für seine Unterstützung. Die vorliegende Arbeit stellt den abschliessenden Beitrag zu diesem Forschungsvorhaben dar, das am Lehrstuhl A für Mathematik der RWTH Aachen unter der Leitung von Prof. Dr. P.L. Butzer bearbeitet wurde. Ihm, und besonders auch Prof. Dr. R.J. Nessel, möchte ich an dieser Stelle für viele wertvolle Hinweise während des Entstehens dieser Arbeit und eine kritische Durchsicht des Manuskriptes recht herzlich danken.

1. Vorbereitung und Bezeichnungen

Es bezeichne jeweils $\mathbb{N}$, $\mathbb{N}_0$, $\mathbb{R}$, $\mathbb{R}^+$, $\mathbb{C}$ die Menge der natürlichen Zahlen, der nichtnegativen ganzen, der reellen, der positiven und der komplexen Zahlen. Es sei X ein Banachraum mit der Norm $\|f\| = \|f\|_X$. Den Raum aller beschränkten linearen Operatoren von X in sich bezeichnen wir mit $[X]$. Für die abgeschlossene Hülle einer Teilmenge $A \subset X$ schreiben wir $\overline{A}^X$.

Eine Schar $\{T(t); t \geq 0\}$ von Operatoren in $[X]$ heißt <u>Halbgruppe</u> der Klasse (C_0), falls *)

(1.1) $\forall t, s \geq 0$: $T(t+s) = T(t)T(s)$, $T(0) = I$,

(1.2) $\forall f \in X$: $\lim_{t \to 0+} T(t)f = f$.

---

*) $\forall$ bedeutet "für alle", $\exists$ bedeutet "es existiert", I bezeichnet den Identitätsoperator.

Zu jeder Halbgruppe existieren Konstanten M>0, K≥0, so daß gilt

(1.3) $\forall f \in X, t \geq 0$: $\| T(t)f \| \leq M e^{Kt} \| f \|$.

Eine solche Bedingung wird auch als Stabilitätsbedingung für $\{T(t); t \geq 0\}$ bezeichnet. Für t>0 setzt man $A_t := [T(t)-I]/t$. Als <u>infinitesimalen Erzeuger</u> A der Halbgruppe $\{T(t); t \geq 0\}$ definiert man

$\forall f \in D(A)$: $Af := \lim_{t \to 0+} A_t f$,

$D(A) := \{f \in X; \lim_{t \to 0+} A_t f \text{ existiert}\}$.

A ist ein abgeschlossener linearer Operator mit einem in X dichten Definitionsbereich D(A).

Es sei nun A ein beliebiger Operator mit Definitionsbereich $D(A) \subset X$ und Wertebereich $W(A) \subset X$. Existiert für ein $\lambda \in \mathbb{C}$ die Inverse des Operators $\lambda - A := \lambda I - A$ als beschränkter Operator mit in X dichtem Definitionsbereich, so sagt man, daß λ zur <u>Resolventenmenge</u> $\rho(A)$ des Operators A gehört und nennt den Operator $R(\lambda; A) := [\lambda - A]^{-1}$ die <u>Resolvente</u> von A. Es gilt dann die Resolventengleichung

(1.4) $R(\lambda; A) - R(\mu; A) = (\mu - \lambda) R(\lambda; A) R(\mu; A)$.

Hieraus folgt sofort, daß $D(R(\lambda; A))$ und $W(R(\lambda; A))$ jeweils unabhängig von $\lambda \in \mathbb{C}$ sind. Eine Funktion $R(\lambda): D(R) \subset \mathbb{C} \to [X]$ heißt <u>Pseudoresolvente</u>, falls für sie die Resolventengleichung (1.4) gilt.

Ist speziell A der Erzeuger einer (C_o)-Halbgruppe $\{T(t); t \geq 0\}$, so existiert $R(\lambda; A)$ für alle $\lambda \in \mathbb{C}$ mit Re $\lambda > K$ (vgl. (1.3)) und hat die Darstellung

(1.5) $\forall f \in X$: $R(\lambda; A) f = \int_0^\infty e^{-\lambda t} T(t) f \, dt$.

Es handelt sich also um die Laplace-Transformation der Halbgruppe.

Aus (1.4) und (1.5) folgt unmittelbar für Re $\lambda > K$, $m \in \mathbb{N}$, $f \in X$:

(1.6) $\quad R(\lambda;A)^m f = \dfrac{(-1)^{m-1}}{(m-1)!} \left(\dfrac{d}{d\lambda}\right)^{m-1} R(\lambda;A) f$

$\qquad\qquad\quad = \dfrac{1}{(m-1)!} \int_0^\infty t^{m-1} e^{-\lambda t} T(t) f \, dt \quad .$

Für diese Grundlagen aus der Halbgruppentheorie siehe etwa [4], S. 7-38.

2. Der Satz von Trotter

In diesem Abschnitt wollen wir den Satz von Trotter diskutieren. Dieser Satz liegt in mehreren Versionen vor, die Variationen der Voraussetzungen betreffen. Dementsprechend existieren viele Beweisversionen. Wir werden hier zunächst eine Skizze des Beweises geben, wobei wir versuchen, den Beweis möglichst einfach und leicht überblickbar darzustellen. Dabei greifen wir in den einzelnen Beweiselementen jeweils an verschiedenen Stellen auf verschiedene der bekannten Beweisschritte zurück. Die hier gewählte etwas spezielle Form des Satzes ist den späteren Anwendungen auf die Approximationstheorie am besten angepaßt. Im Anschluß an die Beweisskizze werden wir die verschiedenen Varianten und die Zusammenhänge zwischen diesen diskutieren.

2.1 Kontinuierliche Version

Wir beweisen den Trotter-Satz zunächst in seiner kontinuierlichen Version.

Satz 2.1. Für jedes $n \in \mathbb{N}$ sei $\{T_n(t); t \geq 0\}$ eine (C_o)-Halbgruppe auf X mit Erzeuger A_n. Weiter sei B ein abgeschlossener linearer Operator mit $D(B) \subset X$ und $W(B) \subset X$, so daß gilt:

(2.1) (Stabilitätsbedingung)
$$\exists M>0,\ K\geq 0\ \forall f\in X,\ n\in\mathbb{N},\ t\geq 0:\quad \|T_n(t)f\| \leq M e^{Kt}\|f\|,$$

(2.2) $\forall f\in D(B):\quad \lim_{n\to\infty} A_n f = Bf,$

(2.3) $D(B)$ <u>ist dicht in X</u>,

(2.4) <u>es existiert ein</u> $\lambda_o > K$, <u>so daß</u> $W(\lambda_o - B)$ <u>dicht in X ist.</u>

<u>Unter diesen Voraussetzungen folgt, daß</u>

(2.5) <u>der Operator B eine (C_o)-Halbgruppe</u> $\{T(t); t\geq 0\}$ <u>erzeugt,</u>
und daß dann

(2.6) $\forall f\in X,\ t\geq 0:\quad \lim_{n\to\infty} T_n(t)f = T(t)f$
<u>gleichmäßig auf jedem endlichen t-Intervall.</u>

<u>Bemerkung.</u> Bei der Bedingung (2.2) wird stillschweigend vorausgesetzt, daß $D(B) \subset D(A_n)$ für alle $n\in\mathbb{N}$ gilt. Wir werden dies auch im folgenden Text so handhaben (vgl. Lemma 2.2). In (2.1) ist entscheidend, daß die Konstanten M, K nicht von n abhängen.

<u>Beweis.</u> (vgl. [7, 8, 18, 19, 20]) Wir führen den Beweis zunächst für den speziellen Fall, daß die $\{T_n(t); t\geq 0\}$ gleichmäßig beschränkt sind, dh. in (2.1) gilt K=0, also

(2.1)' $\forall f\in X,\ n\in\mathbb{N},\ t\geq 0:\quad \|T_n(t)f\| \leq M\|f\|.$

Zum Beweis von (2.5) haben wir dann die Voraussetzungen des Satzes von Hille-Yosida nachzuprüfen, dh. (vgl. [4], S. 34)

(2.7) $\forall \lambda > 0:\quad \lambda \in \rho(B),$

(2.8) $\forall f\in X,\ m\in\mathbb{N},\ \lambda>0:\quad \|[\lambda R(\lambda;B)]^m f\| \leq M\|f\|.$

Wegen (1.6) folgt mit (2.1)' für

$$\lambda \in \Lambda_\alpha := \{\lambda \in \mathbb{C}; \operatorname{Re} \lambda > 0, |\arg \lambda| \leq \alpha\}, \quad 0 \leq \alpha < \pi/2,$$

daß für $f \in X$, $n, m \in \mathbb{N}$:

$$(2.9) \quad \|[\lambda R(\lambda; A_n)]^m f\| = \frac{|\lambda|^m}{(m-1)!} \|\int_0^\infty t^{m-1} e^{-\lambda t} T_n(t) f \, dt\|$$

$$\leq \frac{|\lambda|^m M \|f\|}{(m-1)!} \int_0^\infty t^{m-1} e^{-(\operatorname{Re} \lambda) t} \, dt$$

$$= [|\lambda|/\operatorname{Re} \lambda]^m M \|f\| \leq [1 + (\tan \alpha)^2]^{m/2} M \|f\|.$$

Also ist für jedes $f \in X$, $m \in \mathbb{N}$, $\alpha < \pi/2$ die Familie $\{[\lambda R(\lambda; A_n)]^m f\}$ gleichmäßig beschränkt in $n \in \mathbb{N}$ und $\lambda \in \Lambda_\alpha$. Speziell gilt für $\lambda \in \mathbb{R}^+ = \Lambda_0$:

$$(2.10) \quad \forall f \in X, \; n, m \in \mathbb{N}: \quad \|[\lambda R(\lambda; A_n)]^m f\| \leq M \|f\|.$$

Wir wollen jetzt zeigen, daß die Voraussetzungen des Satzes implizieren, daß $R(\lambda; A_n) f$ für $\lambda > 0$, $n \to \infty$ konvergiert und zwar gegen $R(\lambda; B) f$. Hierzu benutzen wir zunächst ein Lemma von Trotter ([18], S. 892 f; Lemma 2.2/2.4).

Lemma 2.2. <u>Für jedes $n \in \mathbb{N}$ sei $C_n : D(C_n) \subset X \to X$ ein Operator von X in sich mit einer auf ganz X definierten Inversen D_n, so daß $\|D_n\|_{[X]} \leq M_1$ für alle $n \in \mathbb{N}$. Weiter existiere $C = \lim_{n \to \infty} C_n$ mit jeweils dichtem Definitions- und Wertebereich in X. Dann folgt, daß $D = \lim_{n \to \infty} D_n$ existiert, auf ganz X definiert ist, und einen in X dichten Wertebereich hat. Ist C ein abgeschlossener Operator, so gilt ferner $D = C^{-1}$.</u>

In unserer Situation wählen wir $C_n := \lambda_0 - A_n$, so daß dann $D_n = R(\lambda_0; A_n)$. Wegen (2.10) gilt $\|D_n\|_{[X]} \leq M/\lambda_0$ für alle $n \in \mathbb{N}$. Nach der Voraussetzung (2.2) konvergiert C_n gegen den abgeschlossenen Operator $C = \lambda_0 - B$, wobei wegen (2.3) $D(C)$ dicht in X

ist und wegen (2.4) W(C) dicht in X ist. Genau an dieser Stelle
des Beweises verwenden wir also sämtliche Voraussetzungen des
Satzes an den Operator B! Mit dem Lemma 2.2 folgt dann

(2.11) $R(\lambda_o;B)$ existiert mit dichtem Wertebereich in X und

$$\forall f \in X: \quad \lim_{n \to \infty} R(\lambda_o;A_n)f = R(\lambda_o;B)f.$$

Wir zeigen als nächstes, daß diese Grenzwertrelation auch für
$\lambda \neq \lambda_o$ gültig ist und folgen dabei der Argumentation von ([8],
S. 503). Wir setzen

$$\Delta_b := \{\lambda \in \mathbb{C}; \exists M>0 \; \forall n \in \mathbb{N}: \quad \|R(\lambda;A_n)\|_{[X]} \leq M\},$$

$$\Delta_s := \{\lambda \in \mathbb{C}; \lim_{n \to \infty} R(\lambda;A_n)f \text{ existiert } \forall f \in X\}.$$

Wegen (2.9) gilt $\Lambda_\alpha \subset \Delta_b$, und (2.11) besagt, daß $\Lambda_\alpha \cap \Delta_s \neq \emptyset$. Nun
ist aber Δ_s eine bezüglich Δ_b sowohl relativ offene als auch re-
lativ abgeschlossene Menge ([8], S. 427 f). Hieraus folgt sofort
$\Lambda_\alpha \subset \Delta_s$. Somit existiert $\forall f \in X, \lambda \in \Lambda_\alpha$:

$$R(\lambda)f := \lim_{n \to \infty} R(\lambda;A_n)f.$$

Wir wollen jetzt noch zeigen, daß $R(\lambda)$ gleich der Resolvente $R(\lambda;B)$
von B ist (vgl. [20], S. 271). Mit den $R(\lambda;A_n)$ genügt auch $R(\lambda)$
der Resolventengleichung (1.4), dh. $R(\lambda)$ ist eine Pseudoresolvente
mit Nullraum $N(R) := \{f \in X; R(\lambda)f=0\}$ und $W(R)$ unabhängig von λ.
Letzteres besagt wegen (2.11), daß $W(R)$ dicht in X ist. Weiter
folgt aus (2.10), daß

(2.12) $\quad \forall f \in X, m \in \mathbb{N}, \lambda > 0: \quad \|[\lambda R(\lambda)]^m f\| \leq M \|f\|.$

Damit sind die Voraussetzungen des folgenden Lemmas aus dem Ge-
biet der Ergodensätze im Mittel vom Hille-Typ für Pseudoresolven-
ten erfüllt ([20], S. 217; vgl. auch [7]):

Lemma 2.3. $R(\lambda)$ sei eine Pseudoresolvente auf $D \subset X$, und es existiere eine Folge $\{\lambda_m\}_{m=1}^\infty$ von positiven Zahlen mit $\lim_{m\to\infty} \lambda_m = \infty$. Ist die Operatorenfamilie $\{\lambda_m R(\lambda_m)\}_{m=1}^\infty$ gleichmäßig beschränkt, so folgt

$$\overline{W(R)}^X = \{f \in X; \lim_{m\to\infty} \lambda_m R(\lambda_m)f = f\} \quad \text{und} \quad N(R) \cap \overline{W(R)}^X = \{0\}.$$

Wegen $\overline{W(R)}^X = X$ folgt $N(R) = \{0\}$, dh. $R(\lambda)$ ist Resolvente eines Operators, der eindeutig bestimmt ist (vgl. [8], S. 428) und also wegen (2.11) identisch ist mit B! Hieraus folgt aber sofort die Gültigkeit von (2.7) und (2.8), dh. B erzeugt eine (C_0)-Halbgruppe $\{T(t); t \geq 0\}$ und es gilt

(2.13) $\quad \forall f \in X, t \geq 0: \quad \|T(t)f\| \leq M\|f\|$.

Damit ist (2.5) für den Fall von Kontraktionen bewiesen.

Als Ausgangspunkt zum Beweis von (2.6) haben wir also für $f \in X$, $\lambda \in \Lambda_\alpha$ die Konvergenz

(2.14) $\quad \lim_{n\to\infty} R(\lambda; A_n)f = R(\lambda; B)f$

zur Verfügung. Wir wählen ein festes $\lambda \in \Lambda_\alpha$ und ein $b > 0$. Es gilt (vgl. [8], S. 501)

(2.15) $\quad \|R(\lambda; A_n)[T(t) - T_n(t)]R(\lambda; B)f\| =$

$$= \|\int_0^t T_n(t-s)[R(\lambda; B) - R(\lambda; A_n)]T(s)f\, ds\|$$

$$\leq M \int_0^t \|[R(\lambda; B) - R(\lambda; A_n)]T(s)f\|\, ds.$$

Für jedes feste $s \leq t$ und $n \to \infty$ strebt der Integrand gegen Null und ist gleichmäßig beschränkt in n,s nach (2.10), (2.12) und (2.13). Nach dem Satz über majorisierte Konvergenz strebt dann die rechte Seite in (2.15) gegen Null und zwar gleichmäßig für $t \in [0,b]$. Da alle Operatoren gleichmäßig beschränkt sind, und da $W(R(\lambda; B))$ dicht in X ist, folgt nach dem Satz von Banach-Steinhaus, daß

(2.16) $\forall f \in X$: $\lim_{n \to \infty} R(\lambda;A_n)[T(t)-T_n(t)]f = 0$

gleichmäßig für $t \in [0,b]$. Weiter gilt $\forall f \in X$:

(2.17) $\lim_{n \to \infty} [R(\lambda;A_n)T_n(t)f - T_n(t)R(\lambda;B)f] =$

$= \lim_{n \to \infty} T_n(t)[R(\lambda;A_n)-R(\lambda;B)]f = 0$

und ebenso

(2.18) $\lim_{n \to \infty} [R(\lambda;A_n)T(t)f - T(t)R(\lambda;B)f] =$

$= \lim_{n \to \infty} [R(\lambda;A_n)-R(\lambda;B)]T(t)f = 0$.

Die Konvergenz in (2.17) gilt gleichmäßig für alle $t \geq 0$ und in (2.18) gleichmäßig für $t \in [0,b]$, denn aus der Stetigkeit von $T(t)f$ in t folgt, daß $\{T(t)f; t \in [0,b]\}$ eine kompakte Menge ist, und aus der starken Konvergenz folgt die kompakte Konvergenz. Es gilt dann mit (2.16)-(2.18), daß $\forall f \in X$, $t \in [0,b]$:

$\lim_{n \to \infty} [T_n(t)-T(t)]R(\lambda;B)f =$

$= \lim_{n \to \infty} [T_n(t)R(\lambda;B)f - R(\lambda;A_n)T_n(t)f]$

$+ \lim_{n \to \infty} [R(\lambda;A_n)T(t)f - T(t)R(\lambda;B)f]$

$+ \lim_{n \to \infty} R(\lambda;A_n)[T_n(t)-T(t)]f = 0$.

Wieder nach dem Satz von Banach-Steinhaus folgt daraus die Behauptung (2.6).

Zum Abschluß des Beweises müssen wir noch zeigen, daß wir den Fall K>0 in (2.1) auf den Spezialfall des Beweises zurückführen können. Wir definieren $\tilde{T}_n(t) := \exp(-Kt) T_n(t)$.

Für jedes $n \in \mathbb{N}$ ist $\{\tilde{T}_n(t); t \geq 0\}$ eine (C_o)-Halbgruppe, die $\|\tilde{T}_n(t)f\| \leq M\|f\|$ erfüllt, und den Erzeuger $\tilde{A}_n = A_n - KI$ besitzt, welcher nach der Voraussetzung (2.2) gegen $\tilde{B} = B - KI$ strebt. Weiter ist $\tilde{\lambda}_o = \lambda_o - K > 0$, und damit sind die Voraussetzungen des Spezialfalles hergestellt. Es folgt, daß $\tilde{B}$ eine (C_o)-Halbgruppe $\{\tilde{T}(t); t \geq 0\}$ erzeugt mit $\lim_{n \to \infty} \tilde{T}_n(t)f = \tilde{T}(t)f$. Definieren wir jetzt $T(t) := \exp(Kt)\,\tilde{T}(t)$, so ist $\{T(t); t \geq 0\}$ eine (C_o)-Halbgruppe mit Erzeuger B und $\lim_{n \to \infty} T_n(t)f = T(t)f$ gleichmäßig auf jedem endlichen t-Intervall.

2.2 Historische Entwicklung

Zu Beginn unserer Diskussion wollen wir einen kurzen Abriß der historischen Entwicklung des Trotter-Satzes geben. Der Satz ist in der oben angegebenen Form zuerst von Trotter in seiner Dissertation 1956 bewiesen worden (vgl. [18]). Als Vorläufer für Trotter kann man die Untersuchungen von Lax und Richtmyer von 1954 (veröffentlicht 1956 [12]) ansehen, die die Aussage (2.6) aus anderen Voraussetzungen schliessen (vgl. (2.23)). Seitdem haben sich viele Autoren mit dem Satz und den damit verbundenen Problemen auseinandergesetzt. Eine kleine Lücke im Beweis, und zwar, daß die Pseudoresolvente $R(\lambda)$ wirklich eine Resolvente eines Operators ist, wurde durch das Lemma 2.3 von Kato im Jahre 1959 geschlossen. Während aber bei den Trotter-Voraussetzungen, dh. (2.2)-(2.4), von der Konvergenz der Erzeuger A_n gegen einen Grenzoperator B ausgegangen wird, geht Kato in seiner Voraussetzung, die (2.11) entspricht, von den Resolventen aus. Dies sind die beiden grundsätzlichen Voraussetzungstypen, wobei die Kato-Voraussetzung der Konvergenz der Resolventen sogar notwendig und hinreichend für die Konvergenzaussage (2.6) ist (vgl. (2.25)).

Den Beweis von Kato hat zunächst Yosida [20] wiedergegeben. Im Buch von Kato selbst [8] findet sich eine leicht modifizierte Form der Voraussetzungen (2.11), in der auf die Dichtigkeit von $W(R(\lambda_o; B))$ verzichtet wird und statt dessen gefordert wird, daß der Grenzübergang

(2.19) $\forall f \in X$: $\lim_{\lambda \to \infty} \lambda R(\lambda; A_n) f = f$

gleichmäßig in $n \in \mathbb{N}$ stattfindet. Letzteres ist äquivalent dazu, daß die (C_0)-Bedingung der Halbgruppen $\{T_n(t); t \geq 0\}$ gleichmäßig für $n \in \mathbb{N}$ gilt. Natürlich folgt aus (2.19) die Dichtigkeit von $W(R(\lambda_0; B))$ (vgl. [8], S. 504), aber auch, daß $N(R) = \{0\}$ gilt, und zwar ohne die Argumentation von Lemma 2.3. So gesehen sind die Voraussetzungen im Kato-Buch stärker als in der Yosida-Version. Weitere Autoren, die die Kato-Voraussetzung benutzen, sind Neveu [13], Reed und Simon [14], sowie Seidman [15]. Zu Neveu ist zu bemerken, daß er seine Dissertation etwa zur gleichen Zeit wie Trotter geschrieben und veröffentlicht hat. Da aber das Hauptziel der Arbeit die Untersuchung von Markov'schen Halbgruppen ist, und die Aussage vom Typ des Satzes 2.1 nur in einem kurzen Paragraphen (§5) gestreift wird, blieb dieser Aspekt weitgehend unbeachtet. Auch wir verdanken die Kenntnis dieser Arbeit nur einem Hinweis aus einer Arbeit von Goldstein [6], der wieder speziell für beschränkte Operatoren A_n und unter Voraussetzung der Existenz der Grenzhalbgruppe einen elementaren Beweis für die Konvergenz (2.6) gibt, wobei er von den Trotter-Voraussetzungen ausgeht. Schließlich bleiben die Arbeiten von Kurtz [10,11] zu erwähnen, der mit Hilfe eines erweiterten Grenzwertbegriffes in (2.2) erreicht, daß seine Voraussetzungen zwar wie die von Kato notwendig und hinreichend sind, aber doch vom Trotter-Typ sind. Seine Voraussetzung lautet:

(2.20) $\forall f \in D(B)$ $\exists f_n \in D(A_n)$ $(n \in \mathbb{N})$: $f_n \to f$, $A_n f_n \to Bf$,

wobei $D(B)$ alle f umfaßt, für die das gilt. Dies bedeutet, daß der Graph von B alle Häufungspunkte der Graphen von A_n umfaßt. Der so definierte Operator B ist eindeutig, falls die Resolventen der A_n existieren und $D(B)$ dicht in X ist, wie dies beim Trotter-Satz der Fall ist. B ist im allgemeinen eine abgeschlossene Fortsetzung von $\lim_{n \to \infty} A_n$.

Ein weiterer Aspekt der Theorie ist die Übertragung des Satzes auf den Fall eines lokal konvexen Raumes X. Dies ist von Kurtz,

Neveu, Seidman und Yosida durchgeführt worden. Unter der Voraussetzung daß die Konstanten M und K im Analogon der Stabilitätsbedingung (2.1) gleichmäßig bzgl. der Halbnormenschar auf X gelten, handelt es sich dabei um eine direkte Übertragung des Beweises. Dies ist auch der Grund, warum wir uns der einfachen Darstellung halber in dieser Arbeit auf den Fall eines Banachraumes X beschränken. Wie man aber leicht an Beispielen (vgl. [1], § 5) sieht, ist die obige Voraussetzung recht restriktiv. Läßt man diese Voraussetzung fallen, dh. will man Halbgruppen untersuchen, die nur lokal gleichmäßig beschränkt sind, so ist die Situation völlig verändert. Die Darstellung (1.5) der Resolventen, die ja einen der Grundsteine für den Beweis bildet, gilt nicht mehr, so daß ganz neue Methoden erforderlich werden. Komura [9] hat für einen Beweis des Hille-Yosida-Satzes in diesem Zusammenhang intensiven Gebrauch von distributionstheoretischen Mitteln gemacht. Ein Beweis des Trotter-Satzes in diesem allgemeinen Rahmen scheint ein noch offenes Problem.

2.3 Zusammenhänge zwischen den verschiedenen Voraussetzungen

Als nächstes wollen wir uns einer genaueren Diskussion der Zusammenhänge der verschiedenen Voraussetzungen zuwenden. Wie aus dem hier wiedergegebenen Beweis hervorgeht, implizieren die Trotter-Voraussetzungen (2.2)-(2.4) die Kato-Voraussetzung (2.11) (vgl. Lemma 2.2). Die Stabilitätsbedingung (2.1) bleibt in allen Varianten erhalten. Im folgenden werden wir auch voraussetzen, daß B schon Erzeuger der Halbgruppe {T(t);t≥0} ist, dh. (2.5). Dies ist auch der Standpunkt in einer Arbeit von Strang [17], der sich zuerst mit dem Vergleich dieser Voraussetzungen beschäftigt hat, und an dem wir uns im folgenden orientieren.

In dieser Situation bleiben also die Voraussetzungen dafür zu diskutieren, daß gilt:

(2.21) $\forall f \in X: \lim_{n \to \infty} T_n(t)f = T(t)f$.

Zunächst aber wollen wir noch definieren: Eine Menge $C \subset D(B)$

heißt <u>Kernbereich</u> des Operators B, falls $\{(f,Bf); f\in C\}$ dicht im Graphen von B liegt. Natürlich ist dann speziell C dicht in D(B). Desweiteren gilt, falls $[\lambda-B]^{-1}$ existiert und stetig ist (vgl. [8], S. 173; Problem 6.3):

(2.22)   C ist genau dann ein Kernbereich von B, falls $[\lambda-B](C)$ dicht in X ist.

Denn C ist genau dann ein Kernbereich von B, falls er einer von $\lambda-B$ ist.

Als erste Voraussetzungsstufe für (2.21) genügt nach dem Satz von Banach-Steinhaus die Konvergenz auf einer in X dichten Teilmenge, etwa auf D(B).

Als nächstes haben Lax und Richtmyer [12] die Bedingung der Konsistenz betrachtet:

(2.23) $\forall f \in D \subset D(B)$, $\overline{D}^X = X$: $\lim_{n\to\infty} A_n T(t)f = BT(t)f$ gleichmäßig für $t \in [0,b]$.

Eine kurze Zwischenüberlegung mag den Zusammenhang von (2.23) mit (2.21) verdeutlichen. Mit der Exponentialschreibweise $T_n(t) = \exp(tA_n)$, $T(t) = \exp(tB)$ gilt formal

$$(e^{tA_n} - e^{tB})f = (e^{t[A_n-B]} - I)e^{tB}f$$

$$= (t[A_n-B] + (t[A_n-B])^2/2 + \ldots)e^{tB}f .$$

Somit entspricht die Lax-Bedingung: $[A_n-B]e^{tB}f \to 0$ gleichmäßig für $t \in [0,b]$ genau einer Bedingung an das lineare Glied in der obigen Entwicklung.

Die eigentliche Trotter-Voraussetzung (2.2) wollen wir hier etwas allgemeiner ansetzen als

(2.24) $\forall f \in C$, C ein Kernbereich von B: $\lim_{n\to\infty} A_n f = Bf$.

Da D(B) trivialerweise ein Kernbereich von B ist, folgt dies, falls (2.2) gilt. Desweiteren gelten (2.3), (2.4) hier automatisch, da B nach Voraussetzung die Halbgruppe $\{T(t); t \geq 0\}$ schon erzeugt.

Schließlich lautet die Kato-Voraussetzung, daß für genügend große $\lambda \in \mathbb{R}^+$:

(2.25) $\quad \forall f \in X: \quad \lim_{n \to \infty} [\lambda - A_n]^{-1} f = [\lambda - B]^{-1} f$.

Wir haben schon erwähnt, daß (2.25) äquivalent zu (2.21) ist. Desweiteren gilt (2.23) $\to$ (2.24) $\to$ (2.25) aber jeweils nicht umgekehrt, was wir jetzt teils beweisen, teils nur andeuten wollen (vgl. [17,19]).

Zunächst der Vergleich von (2.23) und (2.24). Aus der speziellen Schreibweise in (2.23) wird die enge Verwandtschaft der beiden Bedingungen schon ersichtlich. Wir können allerdings nicht erwarten, daß die Menge $\{T(t)f; f \in D, t \in [0,b]\}$ schon ein Kernbereich von B ist, was (2.24) zu einer unmittelbaren Folgerung von (2.23) machen würde. Es wird vielmehr die von den Resolventen (vgl. (1.5) abgeleitete Bildung

$$C := \{ \int_0^b e^{-\lambda t} T(t) f \, dt \, ; \, f \in D\}$$

verwendet. Um zu zeigen, daß C ein Kernbereich von B ist, genügt nach (2.22), daß $[\lambda - B](C)$ dicht in X ist. Es sei $g \in C$, dann gilt für ein $f \in D$

$$[\lambda - B]g = \int_0^b \lambda e^{-\lambda t} T(t) f \, dt - \int_0^b e^{-\lambda t} \frac{d}{dt} T(t) f \, dt$$

$$= -e^{-\lambda t} T(t) f \Big|_0^b = [I - e^{-\lambda b} T(b)] f.$$

Da b eine feste Zahl ist, ist der letzte Operator für genügend großes λ (nämlich so, daß $\exp(-\lambda b) \| T(b) \| < 1$ gilt) sowohl umkehrbar als auch beschränkt. Also bildet er die in X dichte

Menge D auf eine in X dichte Menge ab, dh. $[\lambda-B](C)$ ist dicht
in X. Nun gilt für $g \in C$

$$\| A_n g - Bg \| = \| \int_0^b e^{-\lambda t} [A_n - B] T(t) f \, dt \|$$

$$\leq b \sup_{0 \leq t \leq b} \| [A_n - B] T(t) f \| .$$

Damit folgt insgesamt (2.24) aus (2.23).

Als Gegenbeispiel dafür, daß die Umkehrung nicht gilt, wählt
Strang die Halbgruppe der Wärmeleitungsgleichung $T(t)f := W_t * f$
für $f \in C_{2\pi}$, dem Raum der stetigen, 2π-periodischen Funktionen,
mit Erzeuger $B = \frac{1}{2} (d/dx)^2$, wobei $*$ die Faltungsoperation bezeichnet und W_t der Weierstrass-Kern $W_t(x) = (2\pi t)^{-1/2} \exp(-x^2/2t)$
ist. Wir können hier nur kurz andeuten, wie Strang vorgeht. Es
wird ausgenutzt, daß $T(t)f$ beliebig oft differenzierbar ist,
ohne daß das gleiche für f gelten muß. Als approximierende Erzeuger A_n werden die üblichen zweiten Differenzoperatoren gewählt, allerdings mit einem gewissen vierten Differenzoperator
$w \Delta^4 w$ als Störglied, wobei w eine Funktion mit stetiger zweiter
aber unbeschränkter vierter Ableitung ist (hier z.B.
$w(x) = 2 + |\sin(x/2)|^{13/4}$). Diese Operatoren A_n verhalten sich bezüglich Funktionen der Form $w^{-1} f$ für glatte Funktionen f gut genug, um die Trotter-Voraussetzung zu erfüllen, genügen aber der
Lax-Bedingung nicht. Damit die Stabilitätsbedingung für diesen
Prozess erfüllt ist, wird noch eine komplizierte Skalenverschiebung vorgenommen und auf den Raum $L^2_{2\pi}$, der quadratisch integrierbaren, 2π-periodischen Funktionen übergegangen. Nach der
Ansicht von Trotter [19] wirkt das Beispiel recht kompliziert,
und man hat das Gefühl, daß in den meisten Fällen (2.23) und
(2.24) äquivalent sind.

Die Beziehung zwischen den Bedingungen (2.24) und (2.25) erscheint einfacher. Wir beweisen, daß (2.24) $\Rightarrow$ (2.25): Da die
Operatoren A_n und B Erzeuger von (C_o)-Halbgruppen sind, existieren
die Inversen in (2.25) und sind wegen der Stabilitätsbedingung

bezüglich n∈ℕ gleichmäßig beschränkt (vgl. (2.10)). Es gilt

$$R(\lambda;A_n)f - R(\lambda;B)f = R(\lambda;A_n)[B-A_n]R(\lambda;B)f,$$

so daß $R(\lambda;A_n)f \to R(\lambda;B)f$ nach (2.24) folgt, falls $R(\lambda;B)f \in C$. Da der Operator $\lambda-B$ den Kernbereich C auf eine in X dichte Teilmenge abbildet (vgl. (2.22)), liegen solche Elemente f dicht in X. Also folgt (2.25) mit dem Satz von Banach-Steinhaus.

Das Gegenbeispiel für die Umkehrung ist hier B=0, wieder auf $L^2_{2\pi}$, mit Approximation durch $A_n f = -n\langle f,g_n\rangle g_n$ ($\|g_n\|_{L^2} = 1$). Gilt $\langle f,g_n\rangle \to 0$, $n\to\infty$ $\forall f\in L^2_{2\pi}$, so folgt, daß (2.25) erfüllt ist. Mit der speziellen Wahl von

$$g_n(x) = n^{-1/2} + e^{inx}(1-1/n)^{1/2}$$

folgt aber, daß (2.24) nicht gilt. Dieses Beispiel ist vergleichsweise relativ einfach.

2.4 Diskrete Version

Wir kommen jetzt zur diskreten Version des Trotter-Satzes, die besonders zur Anwendung des Satzes auf die Approximationstheorie geeignet ist.

Satz 2.4. *Es sei* $\{S_n\}_{n=1}^{\infty} \subset [X]$, B *ein abgeschlossener linearer Operator mit* $D(B) \subset X$ *und* $W(B) \subset X$, *und* $\{h_n\}_{n=1}^{\infty}$ *eine Nullfolge von positiven Zahlen, so daß gilt:*

(2.26) (Stabilitätsbedingung)
$\exists M>0, K\geq 0 \ \forall f\in X, j,n\in\mathbb{N}: \quad \|S_n^j f\| \leq M e^{Kh_n j} \|f\|$,

(2.27) (Voronovskaja-Typ-Bedingung)
$\forall f\in D(B): \quad \lim_{n\to\infty} h_n^{-1}[S_n - I]f = Bf$,

(2.28) $D(B)$ *ist dicht in* X,

(2.29) <u>es existiert ein $\lambda_o > K$, so daß $W(\lambda_o - B)$ dicht in X ist.</u>

Unter diesen Voraussetzungen folgt, daß

(2.30)   der Operator B eine (C_o)-Halbgruppe $\{T(t); t \geq 0\}$ erzeugt, und daß dann

(2.31) $\forall f \in X:$ $\lim_{n \to \infty} S_n^{[t/h_n]} f = T(t)f$
         <u>gleichmäßig auf jedem endlichen t-Intervall.</u>*⁾

<u>Beweis.</u> Wir führen den Beweis von Satz 2.4 auf den Satz 2.1 zurück. Dazu approximieren wir die diskrete Halbgruppe $\{S_n^k; n \in \mathbb{N}_o\}$ der Potenzen von S_n durch eine stetige Halbgruppe $\{T_n(t); t \geq 0\}$, nämlich die durch den auf ganz X definierten und beschränkten Operator $A_n := h_n^{-1}[S_n - I]$ erzeugte Halbgruppe:

(2.32) $T_n(t)f = \exp(tA_n)f := e^{-t/h_n} \sum_{j=0}^{\infty} \frac{(t/h_n)^j}{j!} S_n^j f$.

Offensichtlich definiert dies für jedes $n \in \mathbb{N}$ eine (C_o)-Halbgruppe mit Erzeuger A_n. Die Voraussetzungen (2.27), (2.28) sind damit identisch zu (2.2), (2.3). Aus (2.26) folgt, daß

$$\|T_n(t)f\| \leq e^{-t/h_n} \sum_{j=0}^{\infty} \frac{(t/h_n)^j}{j!} M e^{Kh_n j} \|f\|$$

$$= M \exp\{t(e^{Kh_n} - 1)/h_n\} \|f\|$$

$$= M e^{t(K+\varepsilon_n)} \|f\|$$

mit $\varepsilon_n := (e^{Kh_n} - 1)/h_n - K > 0$, $\varepsilon_n \to 0$.

Wir wählen jetzt eine Konstante K_1 mit $K < K_1 < \lambda_o$ und ein $n_o \in \mathbb{N}$, so daß

---

*) $[x]$ bezeichnet die größte ganze Zahl $n \leq x$.

(2.33) $\forall n \geq n_o$: $h_n \leq 1$, $e^{K_1 h_n} \leq 2$, $K+\varepsilon_n \leq K_1$.

Es gilt dann also

(2.34) $\forall f \in X$, $n \geq n_o$, $t \geq 0$: $\|T_n(t)f\| \leq M e^{K_1 t} \|f\|$,

was im wesentlichen die Erfüllung der Stabilitätsbedingung (2.1) für $n \geq n_o$ bedeutet. Weiter folgt (2.4) aus (2.29) wegen der Wahl von $K_1 < \lambda_o$. Damit haben wir die Voraussetzungen von Satz 2.1 für die Halbgruppen $\{T_n(t); t \geq 0\}$ nachgewiesen, und es folgt also, daß B eine (C_o)-Halbgruppe $\{T(t); t \geq 0\}$ erzeugt, so daß

$$\forall f \in X: \quad \lim_{n \to \infty} T_n(t)f = T(t)f$$

gleichmäßig für $t \in [0,b]$. Damit ist insbesondere (2.30) bewiesen. Zum Beweis von (2.31) schließlich verhilft uns (vgl. [10], S. 363; allerdings dort nur für Kontraktionsoperatoren):

<u>Lemma</u> 2.5. $\forall b > 0$, $\varepsilon > 0$ $\exists n_1 \geq n_o$ $\forall f \in X$, $n \geq n_1$, $t \in (0,b]$:

(2.35) $\quad \|T_n(t)f - S_n^{[t/h_n]} f\| \leq 2 M e^{2bK_1} \left\{ \dfrac{2 h_n}{\varepsilon^2 t} \|f\| + (3t\varepsilon + h_n) \|A_n f\| \right\}$.

<u>Beweis.</u> Mit $r := t/h_n$ gilt (vgl. (2.32))

$$\|T_n(rh_n)f - S_n^{[r]} f\| \leq e^{-r} \{\Sigma_1 + \Sigma_2\} \dfrac{r^j}{j!} \|S_n^j f - S_n^{[r]} f\|,$$

$$\Sigma_1 := \Sigma_{|j - r e^{Kh_n}| > \varepsilon r \, e^{Kh_n}}, \quad \Sigma_2 := \Sigma_{|j - r e^{Kh_n}| \leq \varepsilon r \, e^{Kh_n}}.$$

Bei der weiteren Abschätzung von Σ_1 verwenden wir (vgl. [4], S. 18)

$$\Sigma_{|j-u|>\delta} u^j/j! \leq u e^u/\delta^2.$$

Nach (2.26) gilt für $n \geq n_o$:

$$e^{-r} \Sigma_1 \dfrac{r^j}{j!} \|S_n^j f\| \leq M \|f\| e^{-r} \Sigma_1 (r e^{Kh_n})^j / j!$$

$$\leq M \|f\| \exp\{r(e^{Kh_n} - 1)\} / \varepsilon^2 r \, e^{Kh_n}$$

$$\leq M \|f\| e^{t(K+\varepsilon_n)}/\varepsilon^2 r$$

$$\leq M e^{K_1 t} \|f\| h_n/\varepsilon^2 t .$$

Ebenso folgt

$$e^{-r} \sum_1 \frac{r^j}{j!} \|S_n^{[r]} f\| \leq M e^{Kt} \|f\| e^{-r} \sum_1 (r e^{Kh_n})^j/j!$$

$$\leq M e^{2K_1 t} \|f\| h_n/\varepsilon^2 t .$$

Also

$$e^{-r} \sum_1 \frac{r^j}{j!} \|S_n^j f - S_n^{[r]} f\| \leq 2M e^{2bK_1} \|f\| h_n/\varepsilon^2 t .$$

Es gilt weiter nach (2.26), daß

$$(2.36) \quad \|S_n^j f - S_n^{[r]} f\| \leq \sum_{m=[r]}^{j-1} \|S_n^m (S_n f - f)\|$$

$$\leq \sum_{m=[r]}^{j-1} M e^{Kh_n m} \|S_n f - f\|$$

$$\leq M e^{Kh_n \max\{j,[r]\}} \|S_n f - f\| \, |j-[r]| .$$

Wir wählen jetzt ein ε mit $0<\varepsilon\leq 1$. Dann existiert ein $n_1(\varepsilon) \geq n_0$, so daß $\exp(Kh_n) - 1 < \varepsilon$. Für $j \in \sum_2$ folgt dann nach Wahl von n_0, n_1:

$$|j - [r]| \leq |j - r e^{Kh_n}| + r(e^{Kh_n} - 1) + r - [r]$$

$$\leq \varepsilon r e^{Kh_n} + \varepsilon r + 1 \leq 3\varepsilon r + 1 .$$

Damit folgt dann

$$e^{-r} \sum_2 \frac{r^j}{j!} \|S_n^j f - S_n^{[r]} f\| \leq M(3\varepsilon r+1) \|S_n f - f\| e^{-r} \sum_2 \frac{r^j}{j!} e^{Kh_n \max\{j,[r]\}}$$

$$\leq M(3\varepsilon r+1) \|S_n f - f\| e^{-r} \{ e^{Kh_n [r]} \sum_{j=0}^{\infty} r^j/j! + \sum_{j=0}^{\infty} (re^{Kh_n})^j/j! \}$$

$$\leq M(3\varepsilon r+1)\|S_n f-f\| \{\exp\{r(e^{Kh_n}-1)\}\} + e^{Kt}\}$$

$$\leq 2M e^{2K_1 b}(3t\varepsilon+h_n)\|A_n f\|.$$

Die Abschätzungen für Σ_1 und Σ_2 beweisen insgesamt Lemma 2.5.

Da B ein abgeschlossener Operator ist, wird D(B) bezüglich der Norm

$$\|g\|_{D(B)} := \|g\|_X + \|Bg\|_X$$

zu einem Banachunterraum von X. Wegen der Konvergenz $A_n \to B$ existiert dann nach dem Satz von Banach-Steinhaus eine Konstante M_1, so daß

(2.37) $\quad \forall g \in D(B), n \in \mathbb{N}: \quad \|A_n g\|_X \leq M_1 \|g\|_{D(B)}.$

Zusammen mit (2.35) folgt dann für jedes $\varepsilon>0$, $f \in D(B)$, $t \in [0,b]$:

$$\limsup_{n\to\infty} \|T_n(t)f - S_n^{[t/h_n]} f\| \leq 6MM_1 b e^{2bK_1} \|f\|_{D(B)} \varepsilon,$$

so daß also

(2.38) $\quad \forall f \in D(B): \quad \lim_{n\to\infty} \|T_n(t)f - S_n^{[t/h_n]} f\| = 0$

gleichmäßig für $t \in [0,b]$ gilt. Mit dem Satz von Banach-Steinhaus folgt wegen der Stabilitätsbedingungen (2.26) und (2.34), daß (2.38) sogar für alle $f \in X$ gilt, so daß also

$$\forall f \in X: \lim_{n\to\infty} S_n^{[t/h_n]} f = \lim_{n\to\infty} T_n(t) f = T(t) f.$$

Es sei bemerkt, daß für die speziellen Halbgruppen $\{T_n(t); t \geq 0\}$ aus dem Beweis sowohl der Fall der beschränkten Erzeuger (vgl. [6]) vorliegt, als auch die Bedingung (2.19) von Kato erfüllt ist. Daß wir die Voraussetzungen nur für $n \geq n_0$ bewiesen haben, ist keine Einschränkung, da n_0 nur von K_1 und der Folge $\{h_n\}_{n=1}^{\infty}$ abhängt. Durch Weglassen von endlich vielen Anfangsgliedern wird $\{S_n\}_{n=1}^{\infty}$ nicht wesentlich verändert.

3. Anwendung auf die Approximationstheorie

Es ist schon in [2] gezeigt worden, daß die diskrete Version des Trotter-Satzes es ermöglicht, einen Saturationssatz, dh. einen Satz über die optimale Approximationsordnung zu beweisen, falls die Operatoren $\{S_n\}_{n=1}^{\infty}$ einen starken Approximationsprozess bilden, dh. $\forall f \in X$: $\lim_{n \to \infty} S_n f = f$. Hierbei ist auch gerade die Trotter-Form der Voraussetzungen günstig, da eine Voronovskaja-Typ-Bedingung bei vielen Beispielen bereits bekannt oder leicht zu beweisen ist. Wir zitieren ihn hier der Vollständigkeit halber.

<u>Satz 3.1.</u> <u>Unter den Voraussetzungen von Satz</u> 2.4 <u>sind für</u> $f \in X$ <u>folgende Aussagen äquivalent:</u>

(3.1) $\|S_n f - f\| = O(h_n)$ $(n \to \infty)$,

(3.2) $\|T(t)f - f\| = O(t)$ $(t \to 0+)$,

(3.3) $f \in \widetilde{D(B)}^X$, <u>der relativen Vervollständigung von</u> $D(B)$ <u>bzgl.</u> X,

(3.4) $f \in D(B)$, <u>falls</u> X <u>reflexiv ist.</u>

<u>Weiter sind äquivalent:</u>

(3.5) $\|S_n f - f\| = o(h_n)$ $(n \to \infty)$,

(3.6) $\|T(t)f - f\| = o(t)$ $(t \to 0+)$,

(3.7) $f \in D(B)$, $Bf = 0$.

Hinsichtlich der letzten drei Äquivalenzen sei bemerkt, daß (3.6) ↔ (3.7) aus der Theorie der Halbgruppen von Operatoren bekannt ist (vgl. [4], S. 88). Andererseits ist (3.5) nur eine andere Schreibweise für $\lim_{n \to \infty} A_n f = 0$ mit $A_n = h_n^{-1}[S_n - I]$ wie im Beweis zu Satz 2.4, so daß die Voronovskaja-Bedingung sofort die Äquivalenz von (3.5) mit (3.7) zeigt. Die (triviale) Klasse, die besseres Approximationsverhalten zeigt als $O(h_n)$, ist also durch den Nullraum des Operators B gegeben.

Mit Hilfe von Satz 3.1 haben wir bisher die Saturationsklassen der Bernstein-Polynome, der Szász-Mirakyan-Operatoren und der Favard-Operatoren bestimmt (vgl. [1,2]), also für nicht kommutative Approximationsprozesse auf jeweils einem kompakten, halbunendlichen und beidseitig-unendlichen Intervall.

Einen Beitrag zum direkten Problem der nichtoptimalen Approximation (Jackson-Typ-Sätze) liefert der nächste Satz

<u>Satz 3.2.</u> <u>Unter den Voraussetzungen von Satz 2.4 gilt</u> $\forall f \in X$, $n \geq n_o$:

(3.8) $\quad \|S_n f - f\| \leq C\{ \sup_{0 < u \leq h_n} \|T(u)f - f\| + h_n \|f\| \}$.

<u>Beweis.</u> Es sei $f \in X$, $g \in D(B)$. Dann gilt für $n \geq n_o$ mit Hilfe von (2.37):

$$\|S_n f - f\| \leq \|[S_n - I](f-g)\| + \|S_n g - g\|$$

$$\leq (M e^{Kh_n} + 1)\|f - g\| + h_n \|A_n g\|$$

$$\leq (2M+1)\|f - g\| + h_n M_1 \|g\|_{D(B)}$$

$$\leq C\{\|f - g\| + h_n \|g\|_{D(B)}\}.$$

Definieren wir nun das <u>K-Funktional</u> bezüglich X und D(B) durch

$\forall f \in X$, $t > 0$: $\quad K(t,f;X,D(B)) := \inf_{g \in D(B)} \{\|f-g\|_X + t\|g\|_{D(B)}\}$,

so haben wir also bewiesen, daß

(3.9) $\quad \|S_n f - f\| \leq C\, K(h_n, f; X, D(B))$.

Die aus der Halbgruppentheorie bekannte Formel ([4], S. 192)

$$K(t,f;X,D(B)) \leq C\{\sup_{0\leq u\leq t} \|T(u)f-f\| + \min\{1,t\}\|f\|\}$$

zusammen mit der Aussage von Satz 2.4, daß B die Halbgruppe T(t) erzeugt, liefern dann den Beweis von (3.8).

Wir möchten uns an dieser Stelle bei Professor Trotter, Princeton, bedanken, dem wir durch wertvolle Hinweise anläßlich einer Tagung in Oberwolfach 1974 diesen Beweis verdanken, der aus Gesprächen mit Professor Nessel entstanden ist.

Der Satz bietet eine direkte Abschätzung zwischen dem Approximationsprozess $\{S_n\}_{n=1}^{\infty}$ und der Halbgruppe $\{T(t); t \geq 0\}$ bis auf einen Zusatzterm, der allerdings nach Satz 3.1 von der Saturationsordnung der $\{S_n\}_{n=1}^{\infty}$ ist. Es folgt damit unmittelbar

Korollar 3.3. <u>Gilt für ein</u> $\alpha \in (0,1]$, <u>daß</u>

(3.10) $\|T(t)f-f\| = O(t^{\alpha})$ $(t \to 0+)$,

<u>so folgt</u>

(3.11) $\|S_n f-f\| = O(h_n^{\alpha})$ $(n \to \infty)$.

Speziell für $\alpha=1$ umschließt dies einen neuen, direkten Beweis für (3.2) ⇒ (3.1), während in [2] beim Beweis von Satz 3.1 der Ringschluß (3.1) ⇒ (3.2) ⇒ (3.3) ⇒ (3.1) durchgeführt wurde.

Die Lösung des Problems der Umkehrsätze (Bernstein-Typ-Sätze) der nichtoptimalen Approximation scheint mit den derzeit zur Verfügung stehenden Mitteln nicht möglich. Eine formale Umkehrung zu (3.8) wäre etwa

$$\|T(t)f-f\| \leq C\{\sup_{n\in\mathbb{N}, h_n \leq t} \|S_n f-f\| + t\|f\|\}.$$

Ein Beweis hierzu scheitert grob gesagt daran, daß T(t) nicht durch die Operatoren S_n approximiert wird sondern durch die Potenzen von S_n. Auch die in diesem Zusammenhang nicht unübliche Zusatzbedingung (vgl. [5], S. 239 ff)

(3.12) $\sup_{n \in \mathbb{N}} h_n/h_{n+1} < \infty$,

die in den meisten Anwendungen erfüllt ist, hilft nicht weiter. Falls $\|S_n f - f\| = O(h_n^\alpha)$ gilt, so folgt zwar für $t \in [h_n, h_{n-1}]$, daß $\|S_n^{[t/h_n]} f - f\| \leq O(t^\alpha)$ gleichmäßig in n gilt, aber der Beweis von

$$\|T(t)f-f\| \leq \|T(t)f - S_n^{[t/h_n]} f\| + \|S_n^{[t/h_n]} f - f\| = O(t^\alpha)$$

mißlingt wegen der Kopplung von t mit n. Dies liegt wieder hauptsächlich daran, daß über die Approximationsordnung der Potenzen $S_n^{[t/h_n]}$ gegen $T(t)$ im Satz von Trotter nichts bekannt ist. Außerdem ist in den von uns behandelten Beispielen $h_n = 1/n$, so daß das Supremum in (3.12) durch 2 abgeschätzt werden kann, und fast immer $[t/h_n] = 1$ gilt, falls $t \in [h_n, h_{n-1}]$. Diese Bedingung ist, so gesehen, also hier nicht sinnvoll eingesetzt.

4. Beispiele

4.1 Favard-Operatoren

Die Favard-Operatoren sind definiert für $x \in \mathbb{R}$ durch

$$F_n f(x) := (\pi n)^{-1/2} \sum_{k=-\infty}^{\infty} f(\tfrac{k}{n}) \exp\{-n(k/n - x)^2\}.$$

Diese Operatoren bilden einen starken Approximationsprozess auf jedem der Räume ($N \in \mathbb{N}$)

$$X_N := \{f \in C(\mathbb{R});\ f(x) = o(1 + x^{2N}),\ |x| \to \infty\}$$

mit der Norm $\|f\|_N := \sup_{x \in \mathbb{R}} |f(x)|/(1+x^{2N})$. Dabei bezeichnet $C(\mathbb{R})$ die Menge der auf $\mathbb{R}$ stetigen Funktionen. In [1] wurde bewiesen, daß die Operatoren $\{F_n\}_{n=1}^{\infty}$ auf jedem X_N den Voraussetzungen von Satz 2.4 genügen mit

$$Bf(x) = f''(x)/4 , \quad D_N(B) = \{f \in X_N; f'' \in X_N\} , \quad h_n = 1/n .$$

In diesem Zusammenhang wollen wir der Vollständigkeit halber das folgende Lemma zeigen, das den in [1] gegebenen Beweis der Bedingung (2.29) vervollständigt.

<u>Lemma 4.1.</u> <u>Die Menge $\{x^j \exp(-\alpha x^2); \alpha>0, j \in \{0,1\}\}$ spannt einen in X_N dichten linearen Teilraum auf.</u>

<u>Beweis.</u> Zunächst sei $f \in X_N$ ungerade, also insbesondere $f(0)=0$. Wir zeigen, daß sich f dann in X_N durch Linearkombinationen der Funktionen $x \exp(-\alpha x^2)$, $\alpha>0$, approximieren läßt. Es genügt $x \geq 0$ zu betrachten. Sei $\varepsilon>0$. Wegen der Stetigkeit von f im Nullpunkt folgt

(4.1) $\exists \delta \in (0,1] \; \forall x \in [0,\delta]: \quad |f(x)| < \varepsilon/6$.

Nun bedeutet $f \in X_N$, daß $f(x)/(1+x^{2N}) \in C_0[0,\infty)$, der Menge der auf $[0,\infty)$ stetigen Funktionen, die im Unendlichen verschwinden. Nach dem Satz von Stone-Weierstrass (vgl. [16], S. 74) existieren dann zu $\gamma>0$ Konstante $m \in \mathbb{N}$, $\{b_k\}_{k=1}^{m} \subset \mathbb{R}$, so daß

(4.2) $\forall x \in [0,\infty): \quad \left|\dfrac{f(x)}{1+x^{2N}} - \sum\limits_{k=1}^{m} b_k e^{-k\gamma x^2}\right| < \varepsilon/6$.

Wir setzen $g(x) := (1+x^{2N}) \sum\limits_{k=1}^{m} b_k e^{-k\gamma x^2}$,

$$g_\delta(x) := \begin{cases} g(x)/x & x \geq \delta \\ g(x)/\delta & 0 \leq x < \delta \end{cases} \text{für}$$

Da dann $g_\delta \in C_0[0,\infty)$ ist, erhalten wir eine weitere Approximation nach Stone-Weierstrass, nämlich

(4.3) $\quad \forall x \in [0,\infty): \quad |g_\delta(x) - \sum_{k=1}^{n} a_k e^{-k\gamma x^2}| < \varepsilon/6$

mit Konstanten $n \in \mathbb{N}$, $\{a_k\}_{k=1}^{n} \subset \mathbb{R}$. Wir zeigen jetzt

(4.4) $\quad \forall x \in \mathbb{R}: \quad |f(x) - \sum_{k=1}^{n} a_k x e^{-k\gamma x^2}| / (1+x^{2N}) < \varepsilon$.

Da alle Funktionen in (4.4) ungerade sind, genügt es, (4.4) für $x \geq 0$ zu beweisen. Es gilt dann

$$\left|\frac{f(x)}{1+x^{2N}} - \frac{x}{1+x^{2N}} \sum_{k=1}^{n} a_k e^{-k\gamma x^2}\right| \leq \left|\frac{f(x)}{1+x^{2N}} - \sum_{k=1}^{m} b_k e^{-k\gamma x^2}\right| +$$

$$+ \frac{1}{1+x^{2N}} \left\{ |g(x) - x g_\delta(x)| + x \left| g_\delta(x) - \sum_{k=1}^{n} a_k e^{-k\gamma x^2} \right| \right\} .$$

Der erste Summand ist $< \varepsilon/6$ nach (4.2). Der letzte Summand ist $< x\varepsilon/6(1+x^{2N}) \leq \varepsilon/6$ nach (4.3). Der zweite Summand verschwindet für $x \geq \delta$ wegen der Definition von g_δ. Für $0 \leq x < \delta$ schließlich gilt mit (4.1)

$$|g(x) - x g_\delta(x)|/(1+x^{2N}) \leq (1-x/\delta)|g(x)| \leq |g(x)|$$

$$\leq (1+\delta^{2N}) \left| \sum_{k=1}^{m} b_k e^{-k\gamma x^2} \right|$$

$$\leq 2\left| \sum_{k=1}^{m} b_k e^{-k\gamma x^2} - \frac{f(x)}{1+x^{2N}} \right| + 2|f(x)| < 2\varepsilon/3 .$$

Dies liefert insgesamt die Behauptung (4.4). Analog kann man leicht zeigen, daß sich gerade Funktionen von X_N durch Linearkombinationen der Funktionen $\exp(-\alpha x^2)$ approximieren lassen. Damit ist das Lemma bewiesen.

Wir setzen $\Delta_h^2 f(x) := f(x+h) - 2f(x) + f(x-h)$.
Der Saturationssatz 3.1 erlaubt dann die folgende Charakterisierung.

<u>Satz</u> 4.2. <u>Für $f \in X_N$ sind jeweils äquivalent:</u>

(4.5) $\quad \|F_n f - f\|_N = o(1/n) \qquad (n \to \infty)$,

(4.6) $\quad \|\Delta_h^2 f\|_N = o(h^2) \qquad (h\to 0+)$,

(4.7) $\quad$ f ist linear ;

sowie

(4.8) $\quad \|F_n f - f\|_N = O(1/n) \qquad (n\to\infty)$,

(4.9) $\quad \|\Delta_h^2 f\|_N = O(h^2) \qquad (h\to 0+)$.

Hierzu ist zu bemerken, daß nach Satz 3.1 etwa (4.5) $\leftrightarrow$ Bf=0 gilt, was bekanntlich (vgl. die Beweise in [1]) äquivalent zu (4.6) und (4.7) ist. Dies gilt analog auch für (4.8) und (4.9).

Darüber hinaus erhalten wir jetzt mit Korollar 3.3 den folgenden direkten Satz.

Satz 4.3. Sei $f \in X_N$ und $\alpha \in (0,1]$. Gilt

(4.10) $\quad \|\Delta_h^2 f\|_N = O(h^{2\alpha}) \qquad (h\to 0+)$,

so folgt

(4.11) $\quad \|F_n f - f\|_N = O(1/n^\alpha) \qquad (n\to\infty)$.

Beweis. Wir zeigen, daß aus (4.10) folgt, daß $\|T(t)f - f\|_N = O(t^\alpha)$, $t\to 0+$, für die von B erzeugte Halbgruppe gilt. Dazu sei für h>0

(4.12) $\quad f_h(x) := \dfrac{1}{h^2} \int_{-h/2}^{h/2} \int_{-h/2}^{h/2} f(x+s+t)\, ds\, dt$.

Dann gilt

$$|f_h(x)| \le \|f\|_N \frac{1}{h^2} \int_{-h/2}^{h/2} \int_{-h/2}^{h/2} [1 + (x+s+t)^{2N}]\, ds\, dt$$

$$\le \|f\|_N [1 + (x+h)^{2N}],$$

so daß für $h \le 1$ folgt

$$\|f_h\|_N \leq \|f\|_N \left\{1 + \sum_{k=0}^{2N-1} \binom{2N}{k} \|x^k\|_N h^{2N-k}\right\}$$

$$\leq \|f\|_N \left\{1 + \sum_{k=0}^{2N-1} \binom{2N}{k}\right\} = 4^N \|f\|_N .$$

Weiterhin ist $f_h \in D(B)$ mit (vgl. (4.10))

(4.13) $\quad \|Bf_h\|_N = \frac{1}{4} \|f_h''\|_N = \frac{1}{4h^2} \|\Delta_h^2 f\|_N = O(h^{2\alpha-2})$,

und

(4.14) $\quad \|f - f_h\|_N \leq \frac{1}{2h^2} \int_{-h/2}^{h/2} \int_{-h/2}^{h/2} \|\Delta_{s+t}^2 f\|_N \, ds \, dt = O(h^{2\alpha})$.

Also folgt für $h = \sqrt{t}$

$$K(t,f;X_N,D_N(B)) = \inf_{g \in D(B)} \{\|f - g\|_N + t(\|g\|_N + \|Bg\|_N)\}$$

$$\leq \|f - f_h\|_N + t(\|f_h\|_N + \|Bf_h\|_N) = O(h^{2\alpha}(1+t/h^2)+t) = O(t^\alpha).$$

Nach bekannten Charakterisierungen aus der Halbgruppentheorie (vgl. [4], S. 194) folgt hieraus $\|T(t)f - f\| = O(t^\alpha)$, $t \to 0+$, und mit Korollar 3.3 dann die Behauptung (4.11).

Für $\alpha = 1$ umschließt dies einen weiteren Beweis für (4.9) → (4.8), wobei in diesem Fall die Umkehrung gilt. Es ist zu erwarten, daß auch die nichtoptimalen Fälle in Satz 4.3 bezüglich einer Umkehrung korrekt sind. Auf diese Frage werden wir in einer weiteren Arbeit eingehen.

4.2 Bernstein-Polynome

Als zweites Beispiel betrachten wir die Bernstein-Polynome für $x \in [0,1]$

$$B_n f(x) := \sum_{k=0}^{n} f\left(\frac{k}{n}\right) \binom{n}{k} x^k (1-x)^{n-k}$$

auf dem Raum $X = C[0,1]$ der stetigen Funktionen auf $[0,1]$.

In [2] wurde gezeigt, daß die Operatoren $\{B_n\}_{n=1}^{\infty}$ auf $C[0,1]$ den Voraussetzungen von Satz 2.4 genügen mit

$$Bf(x) = \varphi(x)f''(x), \quad D(B) = \{f \in C[0,1]; \varphi f'' \in C[0,1]\}, \quad h_n = 1/n,$$

wobei $\varphi(x) := x(1-x)/2$ ist. Nach dem Saturationssatz 3.1 gilt daher

<u>Satz 4.4.</u> <u>Für $f \in C[0,1]$ sind jeweils äquivalent:</u>

(4.15) $\quad \|B_n f - f\| = o(1/n) \qquad (n \to \infty)$,

(4.16) $\quad \|\varphi \Delta_h^2 f\| = o(h^2) \qquad (h \to 0+)$,

(4.17) $\quad f$ <u>ist linear</u>;

<u>sowie</u>

(4.18) $\quad \|B_n f - f\| = O(1/n) \qquad (n \to \infty)$,

(4.19) $\quad \|\varphi \Delta_h^2 f\| = O(h^2) \qquad (h \to 0+)$.

Für die Gültigkeit der Charakterisierungen (4.16) und (4.19) gelten analoge Bemerkungen wie zu Satz 4.2. Mit dem Korollar 3.3 erhalten wir den folgenden direkten Satz.

<u>Satz 4.5.</u> <u>Es sei</u> $f \in C[0,1]$ <u>und</u> $\alpha \in (0,1]$. <u>Gilt</u>

(4.20) $\quad \|\Delta_h^2 f\| = O(h^{2\alpha}) \qquad (h \to 0+)$,

<u>so folgt</u>

(4.21) $\quad \|B_n f - f\| = O(1/n^\alpha) \qquad (n \to \infty)$.

<u>Beweis.</u> Mit den f_h von (4.12) gilt nach (4.20)

(4.22) $\quad |Bf_h(x)| = \varphi(x)|f_h''(x)| = \varphi(x) h^{-2} |\Delta_h^2 f(x)| = O(h^{2\alpha - 2})$, denn $\varphi(x)$ ist beschränkt durch 1/8. Weiter gilt analog zu (4.14), daß $\|f_h - f\| = O(h^{2\alpha})$. Somit hat man für das zugehörige K-Funktional wieder $K(t,f;C[0,1], D(B)) = O(t^\alpha)$, woraus die Behauptung folgt.

Dieses Ergebnis ist noch nicht das bestmögliche. Berens und Lorentz [3] haben bewiesen, daß (4.20) äquivalent ist zu

(4.23) $\quad \forall x \in [0,1]: \quad |B_n f(x) - f(x)| \leq C[\varphi(x)/n]^\alpha$.

Der Faktor $\varphi(x)$ drückt aus, daß die Approximation am Rande des Intervalles [0,1] besser ist. Zum Vergleich wollen wir hier den Beweis des Schrittes (4.20) → (4.23) reproduzieren. Bekanntlich gilt nach Voronovskaja

$$|B_n f(x) - f(x)| \leq \begin{cases} 2\|f\| & f \in C[0,1] \\ \varphi(x)\|f''\|/n & f \in C^2[0,1], \end{cases} \text{für}$$

wobei $C^2[0,1]$ den Raum der auf [0,1] zweimal stetig differenzierbaren Funktionen bezeichnet. Damit erhält man dann

(4.24) $\quad |B_n f(x) - f(x)| \leq 2K(\varphi(x)/n, f; C[0,1], C^2[0,1])$.

Mit einer Beweisführung analog zum Satz 4.3 folgt dann (4.23) aus (4.20).

Der Satz 4.5 liefert also ein zu schwaches Ergebnis im Sinne einer eventuellen Umkehrung. Dies hat mehrere Gründe. Zum einen haben wir im Rahmen der Theorie rund um den Trotter-Satz nur Normabschätzungen zur Verfügung, wohingegen das Ergebnis (4.23) einen punktweisen Charakter aufweist. Man sieht, daß durch den Übergang zur Norm in (4.22) notwendigerweise der Faktor $\varphi(x)$ aus der Argumentation bei Satz 4.5 herausfällt, während er bei dem anderen Beweis erhalten bleibt (vgl. (4.24)).

Man könnte, um diese erste Schwierigkeit zu überwinden, einen Raum $C_\alpha[0,1]$ von auf [0,1] stetigen Funktionen mit der Norm

$\|f\|_\alpha := \|\varphi^{-\alpha} f\|_{C[0,1]}$ definieren, so daß dann (4.23) in der Form

$$\|B_n f - f\|_\alpha = O(1/n^\alpha) \qquad (n \to \infty)$$

geschrieben werden kann. Berens und Lorentz (vgl. [3]) haben solche Räume in einem anderem Zusammenhang benutzt. Abgesehen von allen anderen Schwierigkeiten - denn man müßte ja jetzt die Voraussetzungen des Trotter-Satzes für jede α-Norm nachprüfen - hätten wir dann die Situation, daß wir $B_n: C \to C_\alpha$ betrachten müßten, also nicht mehr auf einem Raum X arbeiten, sondern mit verschiedenen Räumen X, Y. Diese Situation bietet im allgemeinen strukturell zu wenig Voraussetzungen und ist sicher nicht erfolgversprechend. Schließlich gehört die Voraussetzung (4.20) ausschließlich dem Bereich von C[0,1] an und hat nichts mit einem der C_α zu tun.

Ein zweiter Grund, warum der Satz 4.5 zu schwach ist, liegt in der Struktur der Theorie, nämlich die enge Verbindung mit dem Operator B. Man vergleiche hierzu (4.24) mit (3.9) und den Unterschied zwischen D(B) und $C^2[0,1]$, also auch zwischen den entsprechenden K-Funktionalen, der durch die Funktion φ bestimmt wird. Wegen der Kopplung an den Operator B durch (3.9) muß der Faktor φ(x) eben innerhalb der Norm stehen und kann nicht wie bei (4.24) vor der Norm stehen bleiben. Ein letzter Punkt mag illustrieren, wie weit genau unsere Mittel in diesem Zusammenhang reichen. Mit dem zweiten Stetigkeitsmodul

$$\omega_2(f,h) := \sup_{|t| \leq h} \|\Delta_t^2 f\|$$

erhalten wir analog zu (4.13) und (4.14), daß

(4.25) $\quad |Bf_h(x)| \leq \varphi(x) h^{-2} \omega_2(f,h),$

(4.26) $\quad \|f_h - f\| \leq \omega_2(f,h).$

Es sei daran erinnert, daß im Beweis von Satz 4.3 dann eine

Kopplung zwischen h und t hergestellt wurde, um den Faktor t/h^2 beschränkt zu halten. An dieser Stelle sei bemerkt, daß im Falle $\alpha=1$, also der Saturation, diese Kopplung nicht nötig ist. Gerade deswegen gelingt dort auch die Umkehrung. Versuchen wir es hier mit $h = h_{x,t} := \sqrt{\varphi(x)t}$, so folgt aus (4.25), daß

(4.27) $\quad t|Bf_{h_{x,t}}(x)| \leq \omega_2(f,\sqrt{\varphi(x)t})$.

Hier hat das Argument des Stetigkeitsmoduls für $t=1/n$ genau die richtige Gestalt im Sinne von (4.23) (vgl. auch (4.24)). Allerdings ist auf der linken Seite von (4.27) wegen der Kopplung von h mit x der Übergang zur Supremums-Norm nicht mehr möglich.

4.3 Szász-Mirakyan-Operatoren

Als letztes Beispiel betrachten wir für $x \in [0,\infty)$ die Szász-Mirakyan-Operatoren

$$S_n f(x) := e^{-nx} \sum_{j=0}^{\infty} f(\tfrac{j}{n})(nx)^j/j! \ .$$

Diese Operatoren bilden einen starken Approximationsprozess auf jedem der Räume ($k \in \mathbb{N}$)

$$X_k := \{f \in C[0,\infty); f(x) = o(1+x^k), x \to \infty\}$$

mit der Norm $\quad \|f\|_k := \sup_{x>0} |f(x)|/(1+x^k)$.

In [2] wurden die Voraussetzungen von Satz 2.4 für die Operatoren $\{S_n\}_{n=1}^{\infty}$ auf jedem X_k nachgewiesen, wobei hier gilt:

$$Bf(x) = \psi(x)f''(x), \quad D_k(B) = \{f \in X_k; \psi f'' \in X_k\}, \quad h_n = 1/n \ ,$$

mit $\psi(x) := x/2$. Es gilt dann der entsprechende Saturationssatz.

<u>Satz</u> 4.6. <u>Für $f \in X_k$ sind jeweils äquivalent:</u>

(4.28) $\quad \|S_n f - f\|_k = o(1/n) \hfill (n \to \infty)$,

(4.29) $\|\psi\Delta_h^2 f\|_k = o(h^2)$ $(h \to 0+)$,

(4.30) f <u>ist linear</u> ;

<u>sowie</u>

(4.31) $\|S_n f - f\|_k = O(1/n)$ $(n \to \infty)$,

(4.32) $\|\psi\Delta_h^2 f\|_k = O(h^2)$ $(h \to 0+)$.

Wir können weiter jetzt folgenden direkten Approximationssatz beweisen:

<u>Satz</u> 4.7. <u>Es sei</u> $f \in X_k$ <u>für ein</u> $k \in \mathbb{N}$ <u>und</u> $\alpha \in (0,1]$. <u>Gilt</u>

(4.33) $\forall x \geq 0, h \text{ mit } x \pm h \geq 0: \quad |\Delta_h^2 f(x)| = O(h^{2\alpha})$ $(h \to 0+)$,

<u>so folgt</u>

(4.34) $\|S_n f - f\|_k = O(1/n^\alpha)$ $(n \to \infty)$.

<u>Beweis.</u> Mit f_h definiert in (4.12) gilt

(4.35) $|Bf_h(x)| = \psi(x)|f_h''(x)| = \psi(x)h^{-2}|\Delta_h^2 f(x)| \leq C x h^{2\alpha-2}$,

so daß wegen $\|x\|_k \leq 1$ folgt, daß

$\|Bf_h\|_k \leq C\|x\|_k h^{2\alpha-2} \leq C h^{2\alpha-2}$.

Weiter gilt analog zu (4.14), daß $|f_h(x) - f(x)| = O(h^{2\alpha})$, und also auch $\|f_h - f\|_k = O(h^{2\alpha})$. Hieraus folgt $K(t,f;X_k,D_k(B)) = O(t^\alpha)$ und mit Korollar 3.3 dann die Behauptung.

Dieser Satz muß wieder mit allen Attributen der Kritik versehen werden, die wir schon bei den Bernstein-Polynomen diskutiert haben. Der Faktor $\psi(x)$ ist in der Bedingung (4.33) nicht berücksichtigt

und fällt deswegen beim Übergang von (4.35) zu der entsprechenden
Normaussage weg. Er kann aber auch deshalb nicht berücksichtigt
werden, weil sonst bei der Abschätzung von $|f_h(x)-f(x)|$ etwa ein
Faktor $[\psi(x)]^{-\alpha}$ auftreten würde, der bei x=0 singulär ist. Auch
die Gewichte $1/(1+x^k)$ können in (4.33) nicht berücksichtigt werden,
wie es doch bei den Favard-Operatoren möglich war (vgl. (4.10)),
weil sonst in (4.35) der Faktor $\psi(x)$ nicht wegfällt, der ja für
$x\to\infty$ singulär wird.

Wir haben also wieder einen zu schwachen Satz vorliegen, wie schon
der Vergleich des Falles $\alpha=1$ mit dem Saturationssatz 4.6 zeigt.

Zum Abschluß wollen wir noch einmal betonen, daß nur bei den Bernstein-Polynomen das Approximationsverhalten vollständig bekannt
ist. Es bleibt einer weiteren Arbeit vorbehalten, zunächst etwa
das Verhalten der anderen Operatoren konkret zu untersuchen, bevor
man daran geht, einen allgemeinen Satz über die nichtoptimale
Approximation zu beweisen.

Literaturverzeichnis

[1] M. BECKER - P.L. BUTZER - R.J. NESSEL: Saturation for Favard operators in weighted function spaces, Studia Math. 59 (1976), im Druck.

[2] M. BECKER - R.J. NESSEL: Iteration von Operatoren und Saturation in lokal konvexen Räumen, Forschungsberichte des Landes Nordrhein-Westfalen Nr. 2470, Westdeutscher Verlag Opladen, 1975, 27 - 49.

[3] H. BERENS - G.G. LORENTZ: Inverse Theorems for Bernstein Polynomials, Indiana Univ. Math. J. 21 (1972), 693 - 708.

[4] P.L. BUTZER - H. BERENS: Semi-Groups of Operators and Approximation, Grundl. Math. Wiss. Bd. 145, Berlin, Springer 1967.

[5] R.A. DEVORE: The Approximation of Continuous Functions by Positive Linear Operators, Lecture Notes in Mathematics 293, Springer 1972.

[6] J.A. GOLDSTEIN: The central limit theorem via semigroups of operators, im Druck.

[7] T. KATO: Remarks on Pseudo-resolvents and Infinitesimal Generators of Semi-groups, Proc. Japan Acad. 35 (1959), 467 - 468.

[8] T. KATO: Perturbation Theory for Linear Operators, Grundl. Math. Wiss. Bd. 132, Berlin, Springer 1966.

[9] T. KOMURA: Semigroups of Operators in Locally Convex Spaces, J. Functional Analysis 2 (1968), 258 - 296.

[10] T.G. KURTZ: Extensions of Trotter's operator semigroup approximation theorems, J. Functional Analysis 3 (1969), 354 - 375.

[11] T.G. KURTZ: A general theorem on the convergence of operator semigroups, Trans. Amer. Math. Soc. 148 (1970), 23 - 32.

[12] P.D. LAX - R.D. RICHTMYER: Survey of the stability of linear finite difference equations, Comm. Pure Appl. Math. 9 (1956), 267 - 293.

[13] J. NEVEU: Theorie des Semi-Groupes de Markov, Univ. California Publ. Statist. 2 (1958), 319 - 394.

[14] M. REED - B. SIMON: Methods of Modern Mathematical Physics, I. Functional Analysis, Academic Press 1972.

[15] T.I. SEIDMAN: Approximation of operator semigroups, J. Functional Analysis 5 (1970), 160 - 166.

[16] M.H. STONE: A Generalized Weierstrass Approximation Theorem, Studies in Modern Analysis, R.C. Buck ed., Prentice-Hall 1962, 30 - 87.

[17] G. STRANG: Approximating semigroups and the consistency of difference schemes, Proc. Amer. Math. Soc. 20 (1969), 1 - 7.

[18] H.F. TROTTER: Approximation of semigroups of operators, Pacific J. Math. 8 (1958), 887 - 919.

[19] H.F. TROTTER: Approximation and perturbation of semigroups, in: Linear Operators and Approximation II, ed. P.L. Butzer - B. Sz.-Nagy, Proc. Oberwolfach, ISNM 25, Basel, Birkhäuser 1974, 3 - 21.

[20] K. YOSIDA: Functional Analysis, 2. Auflage, Berlin, Springer 1966.

FORSCHUNGSBERICHTE
des Landes Nordrhein-Westfalen

Herausgegeben
im Auftrage des Ministerpräsidenten Heinz Kühn
vom Minister für Wissenschaft und Forschung Johannes Rau

Die »Forschungsberichte des Landes Nordrhein-Westfalen« sind in zwölf Fachgruppen gegliedert:

Wirtschafts- und Sozialwissenschaften
Verkehr
Energie
Medizin/Biologie
Physik/Mathematik
Chemie
Elektrotechnik/Optik
Maschinenbau/Verfahrenstechnik
Hüttenwesen/Werkstoffkunde
Metallverarb. Industrie
Bau/Steine/Erden
Textilforschung

Die Neuerscheinungen in einer Fachgruppe können im Abonnement zum ermäßigten Serienpreis bezogen werden. Sie verpflichten sich durch das Abonnement einer Fachgruppe nicht zur Abnahme einer bestimmten Anzahl Neuerscheinungen, da Sie jeweils unter Einhaltung einer Frist von 4 Wochen kündigen können.

WESTDEUTSCHER VERLAG
5090 Leverkusen 3 · Postfach 300 620

GPSR Compliance

The European Union's (EU) General Product Safety Regulation (GPSR) is a set of rules that requires consumer products to be safe and our obligations to ensure this.

If you have any concerns about our products, you can contact us on

ProductSafety@springernature.com

In case Publisher is established outside the EU, the EU authorized representative is:

Springer Nature Customer Service Center GmbH
Europaplatz 3
69115 Heidelberg, Germany